AF603204

SUITES

A

BUFFON

PLANCHES

2e. Livraison

CÉTACÉS.

PARIS

A LA LIBRAIRIE ENCYCLOPÉDIQUE DE RORET.

Rue Hautefeuille. N°. 10 bis.

EXPLICATION DES PLANCHES

DES CÉTACÉS.

PLANCHE PREMIÈRE.

Le lamantin d'Amérique, d'après Everard Home, Philosop. Trans., 1821. Pl. 26. Pag. 7 (1).

PLANCHE II.

Tête du lamantin de l'Amérique-Méridionale, fig. 1 vue de profil, fig. 2 vue en dessus, d'après mon frère, ossemens fossiles t. v, pl. XIX, fig. 2 et 3 (*a*) intermaxillaires (*b*), cadre de l'orbite en avant (*b'*) trou sous orbitaire, (*cc*) maxillaires, (*é*) frontaux, (*e*) branche antérieure des frontaux, (*f*) os de la pommette, (*d*) apophyse zygomatique du temporal, (*g*) pariétaux réunis dans l'adulte et séparés par un interpariétal dans le fœtus. Pag. 19.

PLANCHE III.

Squelette du lamantin de l'Amérique-Méridionale, d'après mon frère, os fossiles, t. v, pl. XIX, fig. 1. Pag. 20.

PLANCHE IV.

Le dugong, d'après la figure envoyée de l'Inde par Duvancel, et publiée dans l'Histoire nat. des Mammifères, Pag. 29.

PLANCHE V.

Tête du dugong, fig. 1 vue en dessus, fig. 2 vue en-dessous, d'après mon frère, Os fosssiles, t. v, pl. XX, fig. 2 et 3, (*a*) intermaxillaires, (*k*) maxillaires, (*c*) os du nez, (*e*) frontaux, (*f'''*) jugal, (*d*) temporal, (*d'*) apophyse zygom. du temporal, (*d''*) mastoïdien, (*g*) pariétaux, (*l*) sphénoïde, (*l'*) sphénoïde antérieur, (*l''*) aile orbitaire du sphénoïde, (*h*) vomer, (*n*) palatin, (*f' f''*) ailes ptérigoïdiennes, (*o*) occipital, (*o'*) portion basilaire de l'occipital. Pag. 34.

PLANCHE VI.

Squelette du dugong, d'après mon frère, Os fossiles, t. v, pl. XX, fig. 1. Pag. 35.

PLANCHE VII a.

Figure A, tête du dugong de profil, d'après mon frère, Os fossiles, etc. Fig. B C, dents cornées supérieure et inférieure du

(1) Ces pages sont celles du texte où les objets représentés par les planches sont décrits.

stellère, d'après Steller, Mém. de l'Académie de Pétersbourg. N°s 1, 2, 3, 4, 5, 6, 7, 8, parties de ces dents pour en montrer la composition d'après Brants, Mém. de l'Académie de Pétersbourg, 6e série, t. II, pag. 103. Pag. 34, 48 et 376.

PLANCHE VII.

Tête du delphinorhynque microptère, fig. 2 vue de profil, fig. 2 en dessus, fig. 3 en dessous, fig. 4 mâchoire inférieure. Dessin original, (*i*) intermaxillaires, (*k*) maxillaires, (*a*) os du nez, (*b*) frontaux, (*b'*) apophyse post-orbitaire du frontal, (*o*) éthmoïde, (*c*) pariétaux, (*d*) temporal, (*d'*) apophyse zygomatique du temporal, (*d''*) mastoïdien, (*m*) jugal, (*e*) occipital, (*e'*) portion basilaire de l'occipital, (*e''*) lame saillante de l'occipital, (*f*) aile ptérigoïdenne, (*f'*) apophyses ptérigoïdes internes, (*f''*) apophyses ptérigoïdes externes, (*g*) sphénoïde, (*r*) rocher, (*h*) vomer, (*n*) palatins, (*l'*) canal lacrymal, (*l*) os lacrymal. Pag. 75.

PLANCHE VIII.

Figure 1, delphinorhynque microptère, (*a*) tête vue en dessus, (*b*) queue vue de même. Fig. 2, plataniste du Gange d'après Roxburg. Pag. 144 et 252.

PLANCHE IX.

Figures 4 et 5, tête du dauphin vulgaire vue en dessus et de profil tirée de mon frère, Os fossiles, t. v, pl. xx, (*i*) intermaxillaires, (*k*) maxillaires, (*h*) jugal, (*f*) occipital, (*d*) os du nez, (*c''*) apophyse post-orbitaire du frontal, (*h'*) apophyse zygomatique du temporal, (*g*) pariétal, (*o*) ptérigoïdiens, (*p*) palatins. Pag. 139 et 249.

Figures 1, 2 et 3, tête de l'hyperoodon vue de profil et en-dessous et mâchoire inférieure, tirée de mon frère, Os fossiles, t. v, pl. xxiv, fig. 19, 20 et 22, (*a*) maxillaires s'élevant et formant une haute et large crête en (*a'*), se rabaissant jusqu'au-dessus de l'apophyse post-orbitaire du frontal en (*a''*) et se relevant de nouveau pour former une crête en (*a'''*), intermaxillaires (*b*) se relevant en (*b'*), (*c*) os du nez, (*f*) apophyse zygomatique du temporal, (*g*) ptérigoïdiens, (*h*) palatins, (*i*) vomer. Pag. 139 et 249.

PLANCHE X.

Figure 1, dauphin bridé, d'après le dessin publié dans l'Histoire naturelle des Mammif., liv. 58e. Fig. 2, dauphin à long bec d'après un dessin publié dans le même ouvrage, liv. . Pag. 155 et 156.

PLANCHE X (*bis*).

Inia de Bolivie, d'après la figure publiée par M. Dorbigny, dans les nouvelles Annales du Mus. d'hist. nat. Pag. 167.

PLANCHE XI.

Figure 1, tête d'inia, (*a*) fosse temporale, (*a*) maxillaires, (*b*) intermaxillaires, (*c*) apophyse post-orbitaire du frontal, (*c'*) crête du frontal.

Figure 2, dents d'inias, (*d*) pariétal, (*e*) temporal, (*e'*) apophyse zygomatique du temporal. Pag. 167.

PLANCHE XII.

Figure 1, marsouin commun, tiré des animaux de ménagerie, (*a*) tête vue en dessus.

Figure 2, marsouin de d'Orbigny, fig. originale, (*b*) vue de l'ouverture de l'évent, (*c*) vue du dessus de la queue. Pag. 171 et 182.

PLANCHE XIII.

Figure 1, marsouin de Risso. Fig. 2, marsouin globiceps. Pag. 196 et 190.

PLANCHE XIV.

Tête du marsouin globiceps, tirée de mon frère, Os fossiles, etc. fig. 1 vue de profil, fig. 2 en dessous, fig. 3 en dessus, (*f*) occipital latéral, (*f'*) basilaire, (*g*) pariétaux, (*n*) temporal, (*c*) frontal, (*i*) sphénoïde postérieur, (*b*) maxillaires, (*c'*) partie du frontal formant le dessus de l'orbite, (*d*) os du nez, (*e*) ethmoïde, (*b'*) partie du maxillaire recouvrant celle du frontal qui forme le dessus de l'orbite, (*a*) intermaxillaires (*h*) jugal, (*n*) apophyse zygomatique du temporal, (*h'*) apophyse qui naît du jugal et s'articule en arrière à l'apophyse zygomatique du temporal, (*c''*) apophyse post-orbitaire du frontal, (*l*) aile ptérigoïdienne, (*m*) palatins, (*o*) sphénoïde. Pag. 192.

PLANCHE XV.

Figure 1, marsouin béluga mâle tiré de Scoresby. Fig. 2, dauphin de Péron, tiré de M. Lesson, zoologie de *la Coquille*, pl 9, fig. 1. Pag. 199 et 164.

PLANCHE XVI.

Figure 1, marsouin béluga femelle, tiré de Pallas. Zoographia Rosso Asiatica, pl. XXXI. Fig. 2, tête de béluga vue de profil, Fig. 3, même tête vue en dessus, (*a*) maxillaires reparaissant en (*a'*), (*b*) intermaxillaires, (*c*) os du nez, (*d*) frontal, (*f*) occipital, tirée de mon frère, Os fossiles, etc. Pag. 199.

PLANCHE XVII.

Figure 1, hyperoodon, tiré de Baussard. Fig. 2, narwal tiré de Scoresby. Fig. 3, tête de narwal vue en dessus, (*a*) intermaxillaires, (*b*) maxillaires, (*c*) os du nez, (*d*) frontal, (*e*) occipital. Pag. 230 et 241.

PLANCHE XVIII.

Tête du plataniste du Gange, tiré de mon frère, Os foss., IV pl. XX, Fig. 1, vue de profil; fig. 2 vue en dessus; fig. 3, vue en dessous : (*a*) intermaxillaires, (*b*) maxillaires, (*b'*) paroi osseuse formée d'une lame résultant du développement de la partie postérieure des maxillaires, (*h*) occipital, (*f*) frontal, (*m*) apophyse zygomatique du temporal, (*n*) apophyse post-orbitaire du frontal, (*i*) jugal, (*p*) palatins. Pag. 255.

PLANCHE XIX.

Figure 1, cachalot macrocéphale, figure originale. Fig. 2, tête de cachalot vue en dessus de trois quarts; fig. 3, vue de même en dessus; fig. 4, vue de profil; fig. 5, mâchoire inférieure: (*a*) maxillaires, (*b*) intermaxillaires, (*c*) vomer, (*b'*) pointe antérieure des intermaxillaires, (*d*) os du nez, (*e*) frontal, (*e'*) partie du frontal formant la voûte de l'orbite, (*f*) trou sous-orbitaire, (*g*) apophyse zygomatique du temporal, (*h*) jugal, (*k*) occipital, (*n*) palatins, (*m*) ptérigoïdiens. Pag. 286 et 290.

PLANCHE XX.

Figure 1, rorqual jubarte, avec la masse vésiculaire de la bouche, tiré de Lacépède; fig. 2, tête osseuse du rorqual du Cap, tirée de mon frère, Os fossiles, t. v, pl. XXVI, fig. 1, 2 et 3, vue de profil, fig. 3 vue en dessus, vue en dessous : (*a*) maxillaires formant une carène en (*a'*) et se relevant sur le frontal en (*a''*), (*b*) vomer, (*c*) intermaxillaires, (*d*) ouverture des narines, (*e*) os du nez, (*f*) frontal, (*g*) pariétaux, (*h*) occipital, (*i*) trou occipital, (*h'*) crête occipitale, (*k*) jugal, (*A*) apophyse zygomatique du maxillaire, (*m*) temporal avec son apophyse zygomatique en (*m'*), (*o*) lacrymal, (*p*) palatins, (*s*) ptérigoïdiens, (*q*) basilaire, (*r*) os de l'oreille, (*t*) sphénoïde, (*mm*) face glénoïde du temporal, (*n*) mâchoire inférieure, (*P*) apophyse coronoïde. Pag. 321 et 348.

PLANCHE XXI.

Baleine franche tirée de Scoresby. Pag. 364.

PLANCHE XXII.

Tête de baleine franche, tirée de mon frère, Os fossiles, t. v, pl. 25, fig. 1, vue de profil, fig. 2 vue en dessus, fig. 3 vue en dessous, (*a*) maxillaires s'écartant en (*a'*) pour se porter sur l'orbite, (*f*) frontal, (*h*) occipital, (*m*) temporal, (*e*) os du nez, (*v*) palatins, (*s*) ptérigoïdiens. Pag. 369.

Cétacés. PL. 1.

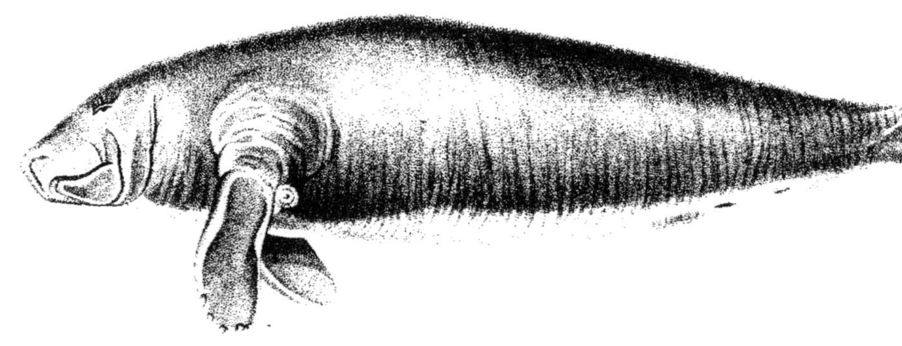

E. Blanchard pinx. *Borromée dir.* *Bre Fournier sc.*

1. Le Lamantin d'Amérique.

1.

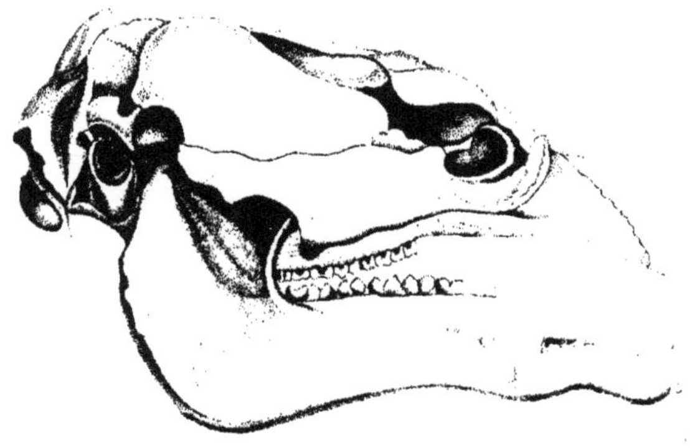

2.

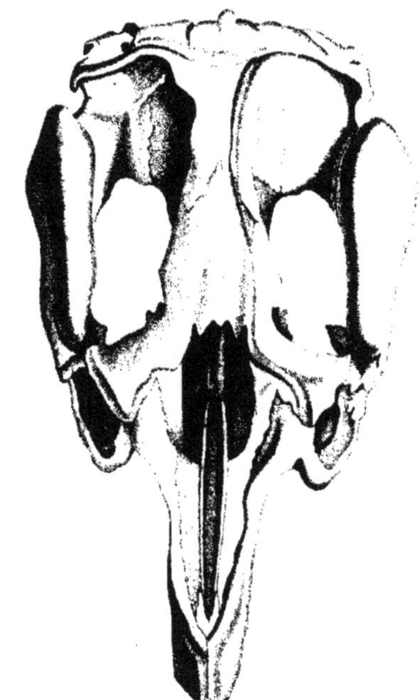

E. Blanchard del. Borromée dir.

Tête du Lamantin d'Amérique.

1. Vue de profil 2. idem en dessus.

1. Squelette du Lamantin d'Amérique.

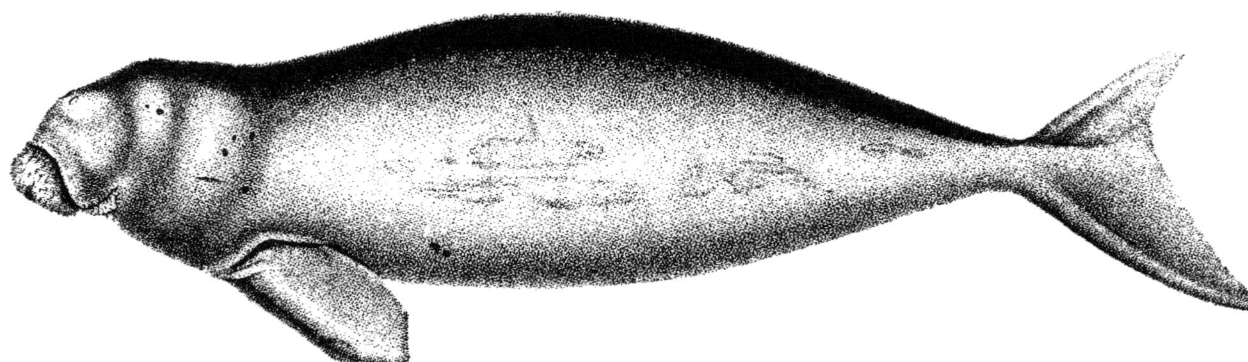

1. Dugong.

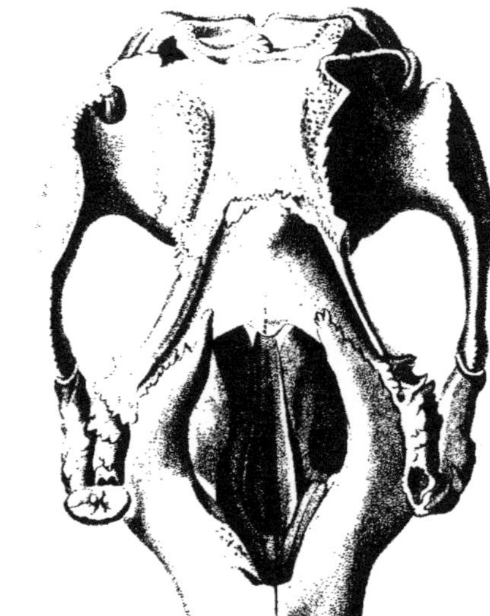

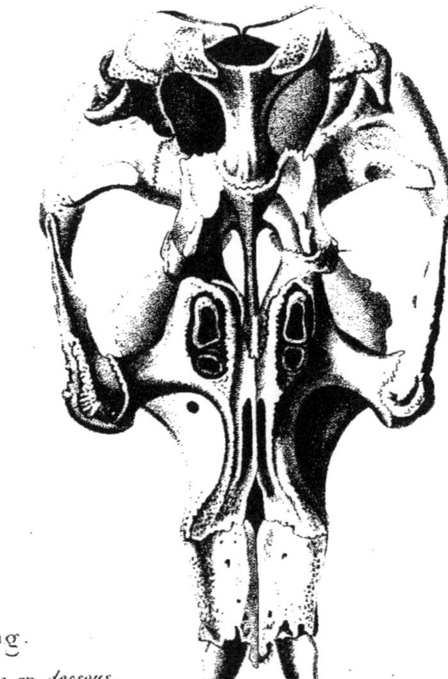

Tête de Dugong.

1. *Vue en dessus.* 2. *Vue en dessous.*

E. Blanchard pinx. Borromée dir. Mme Fournier sc.

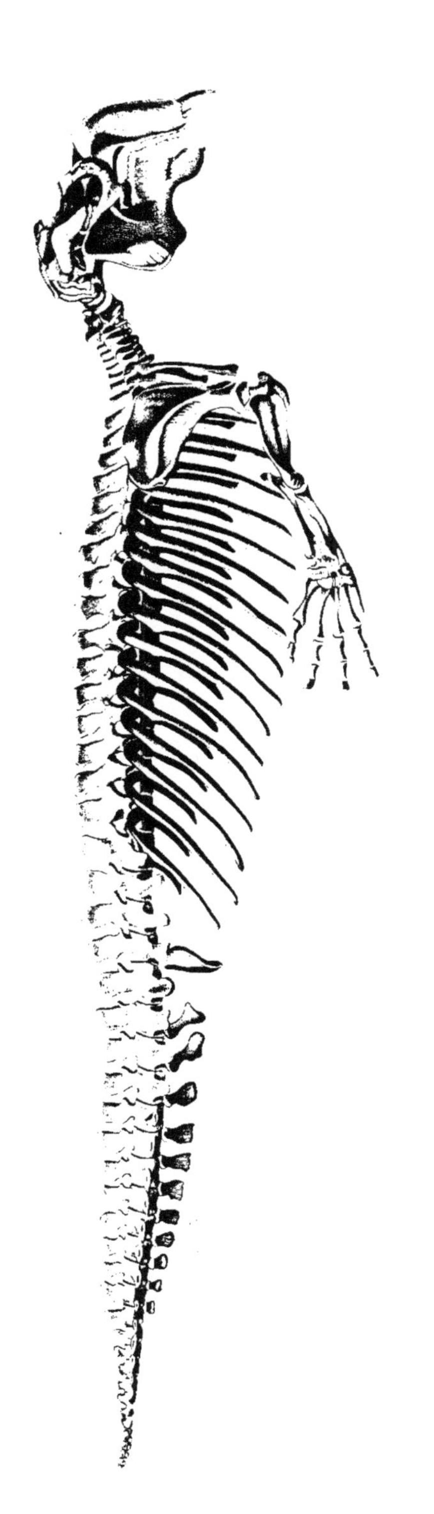

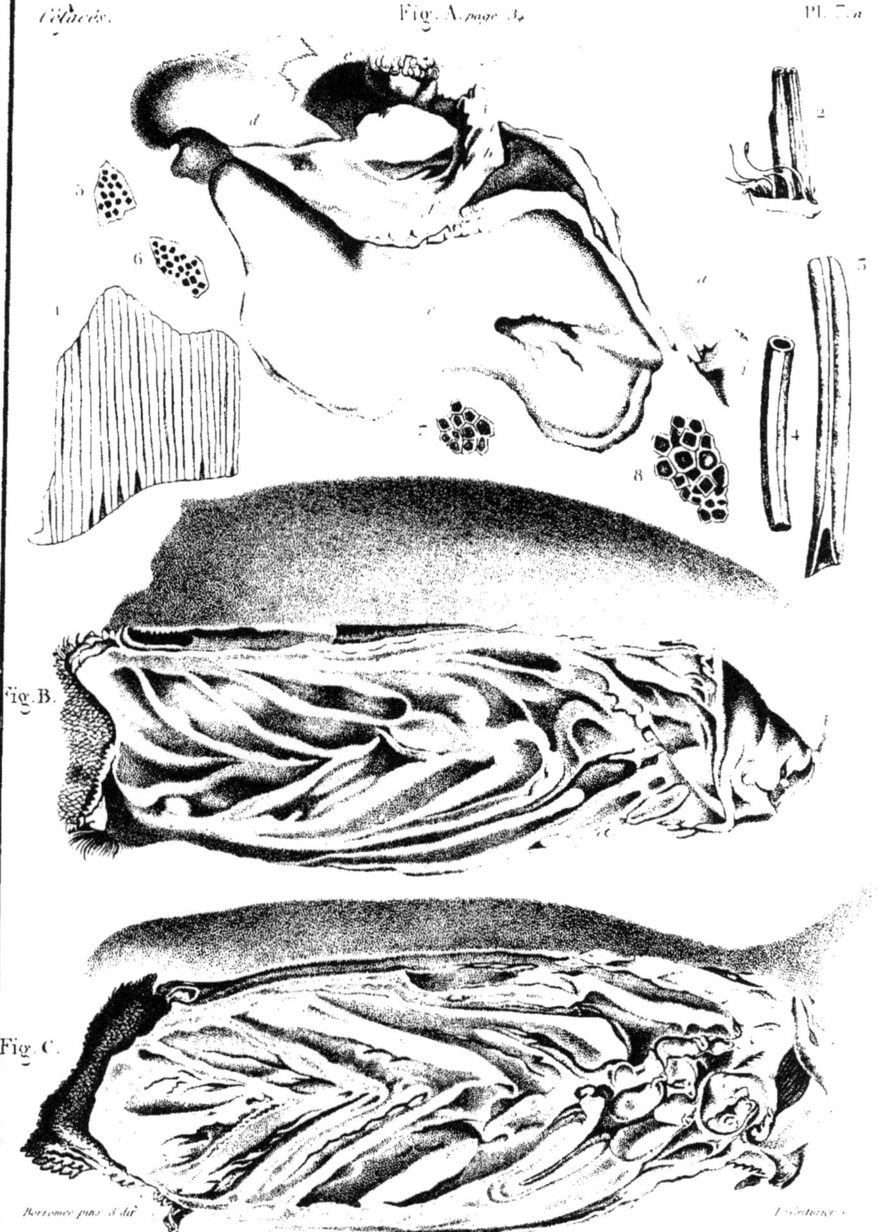

Fig. A. Tête de Dugong. Fig. B. Dent supre du Stellère. Fig. C. Dent infre page 48.3-6

1 2 3 4 5 6 7 8. *Parties de ces dents pour en montrer la composition*

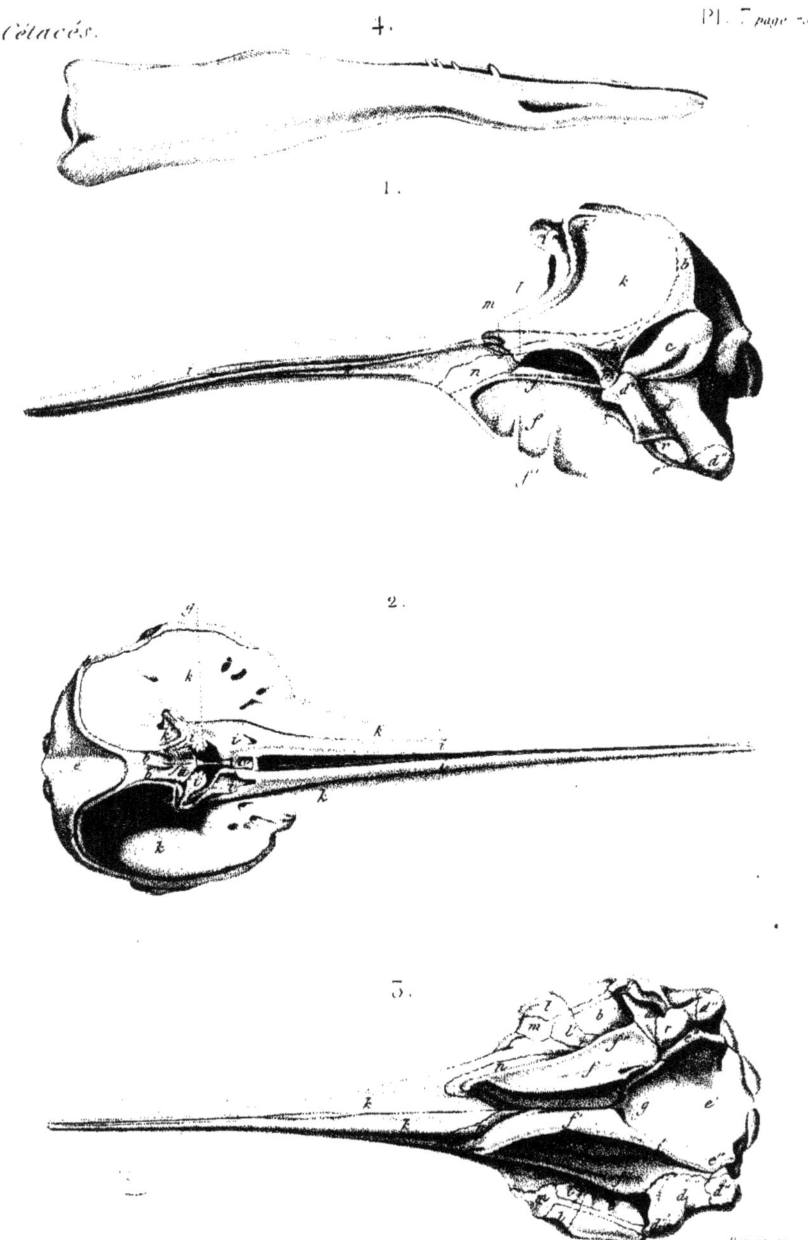

Tête du Delphinorhynque microptère.

1. Vue de profil 2. id. en dessus. 3. id. en dessous. 4. Machoire inférieure.

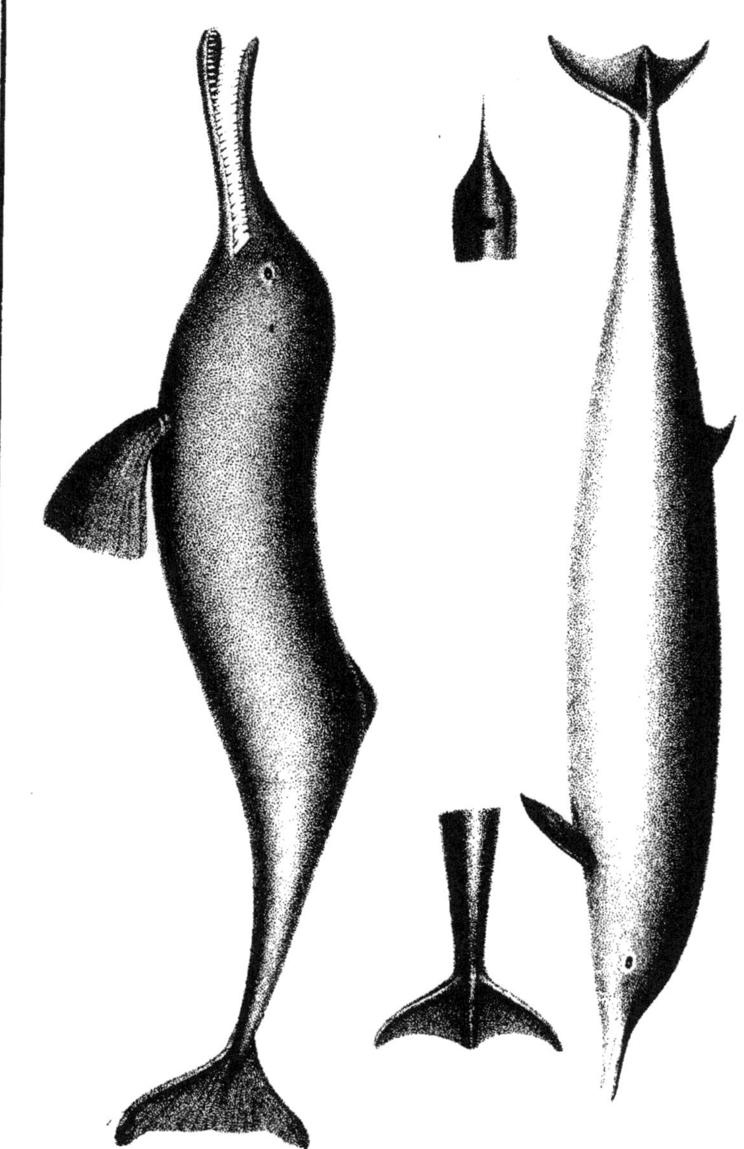

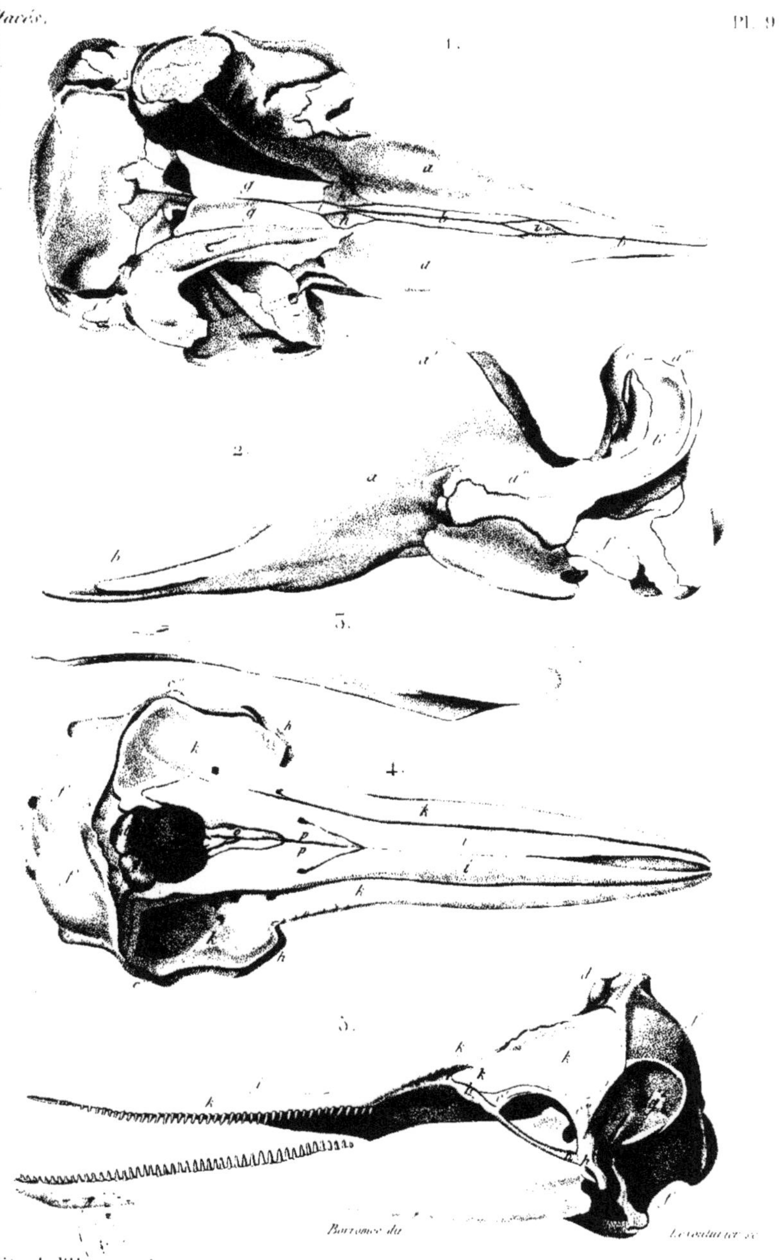

Tête de l'Hyperoodon *vue en dessous.* 2. id. *vue de profil* 3. Machoire infre. de l'Hyperoodon *page 240*

4. Tête du Dauphin vulgaire *vue en dessous.* 5. id. *vue de profil page 139*

Cétacés. PL. 10 *bis page 16.*

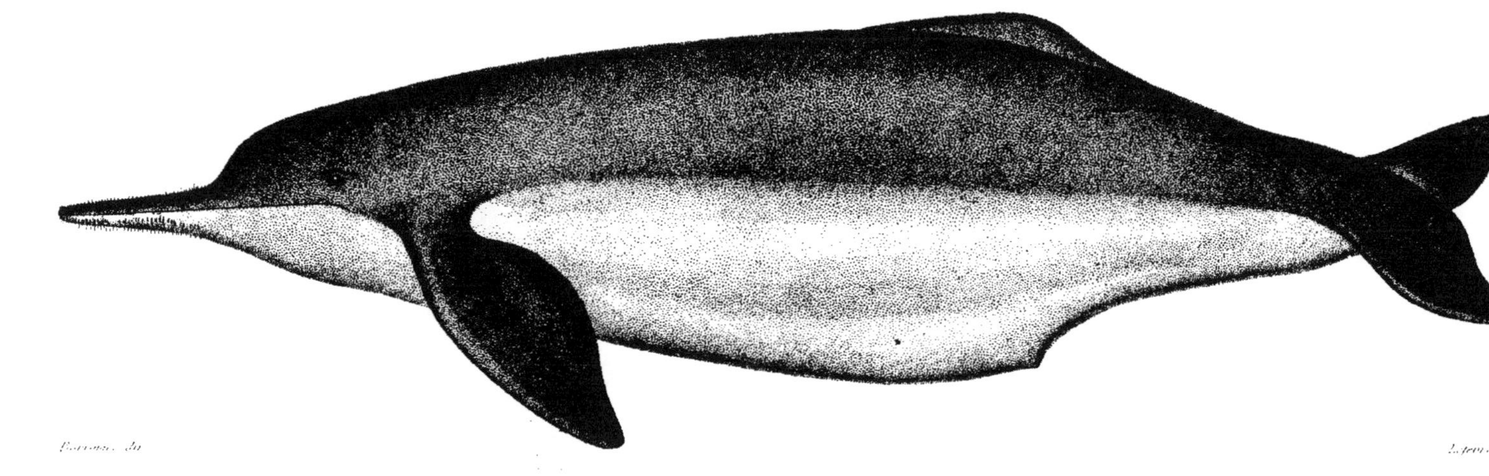

Inia de Bolivie.

1.

2.

Werner del. Lefèvre sc.

1. Tête d'Inias. 2. Dents d'Inias *de grandeur naturelle.*

1.

2.

E. Blanchard pinx. Borromée dir. Mme Benoit sc.

Marsouins. 1. de Risso. 2. Globiceps.

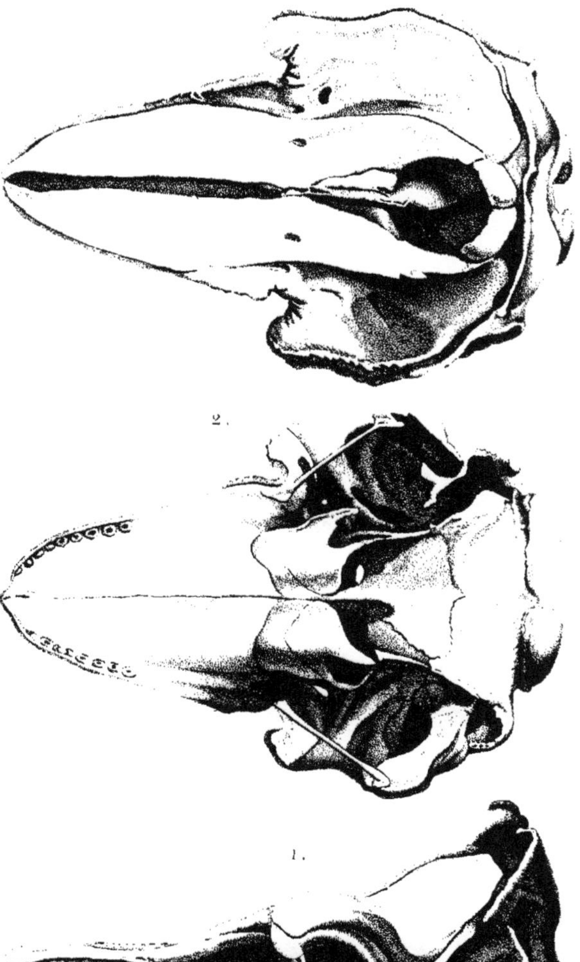

E. Blanchard pinx. Annedouche dir. Paris sc.

Tête du Marsouin globiceps.

1. *Vue de profil.* 2. *id. en dessous.* 3. *id. en dessus.*

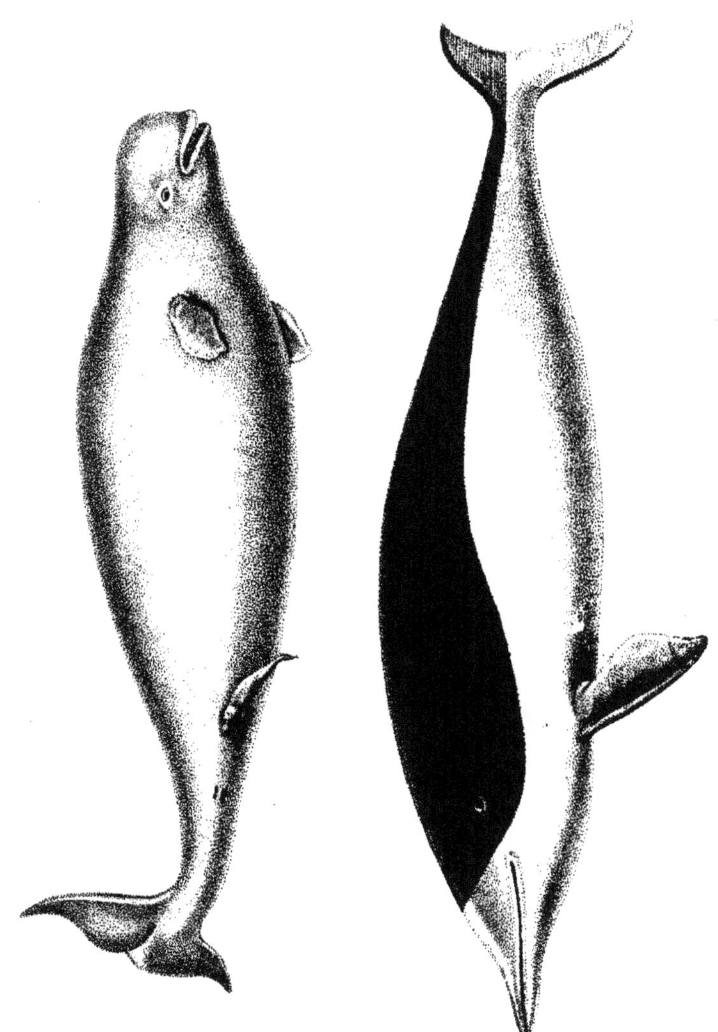

E. Blanchard pinx. Borromée dir. Dumont sc.

1. Beluga *femelle* 2. Tête de Beluga *vue de profil* 3. Tête de Beluga *vue en dessus*

1. Hyperoodon. 2. Narwal. 3. Tête de Narwal. *vue en dessus.*

1.

3.

2.

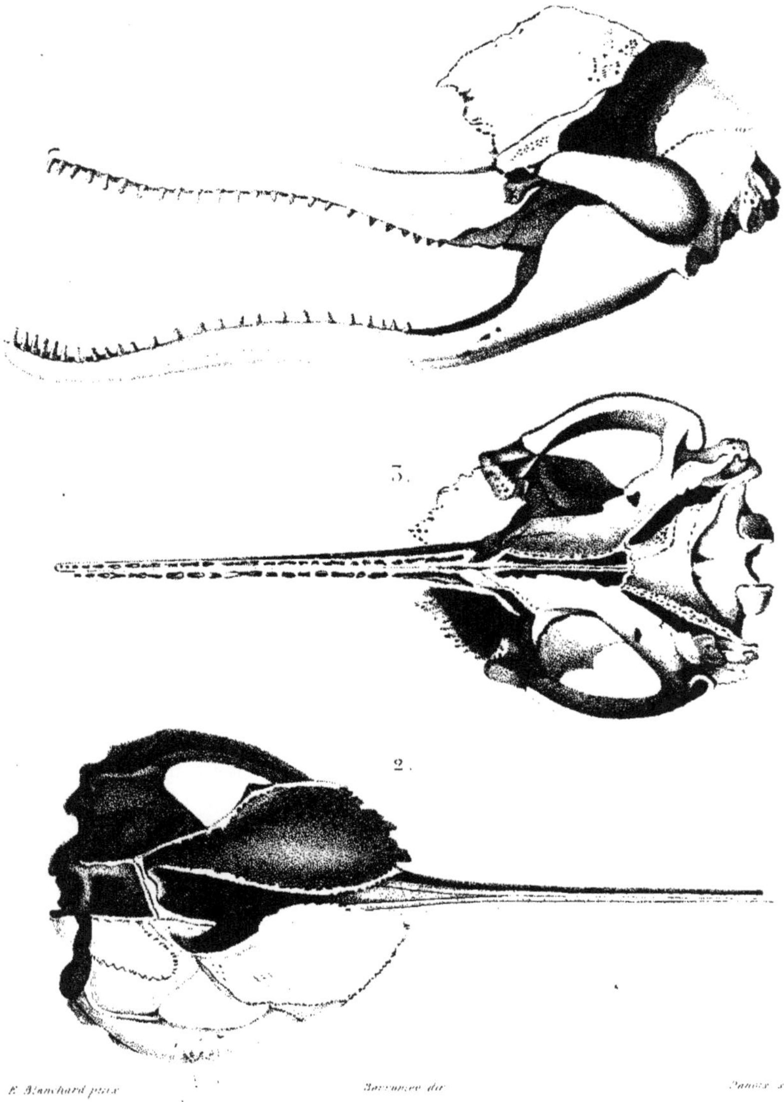

E. Blanchard pinx. *Bocourt del.* *Pannier sc.*

Tête du Sousou du Gange.

1. *Vue de profil.* 2. *id. en dessus.* 3. *id. en dessous.*

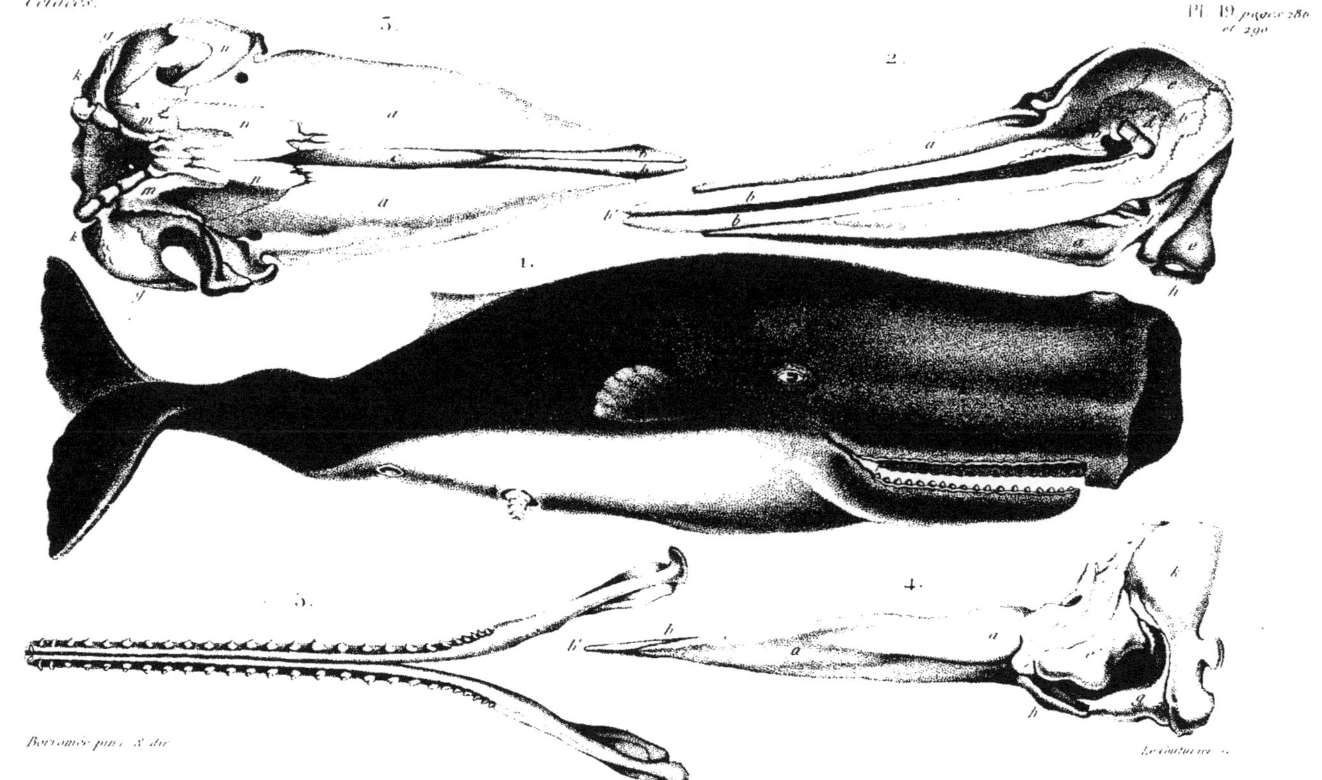

Borromée pinx. & dir. — Le Couturier sc.

1. Cachalot macrocéphale *échoué à l'embouchure de l'Adour.* 2. Tête *vue en dessus de* 4. 3. id. *vue en dessous* 4. id. *vue de profil* 5. Machoire infre.

Pl. 20

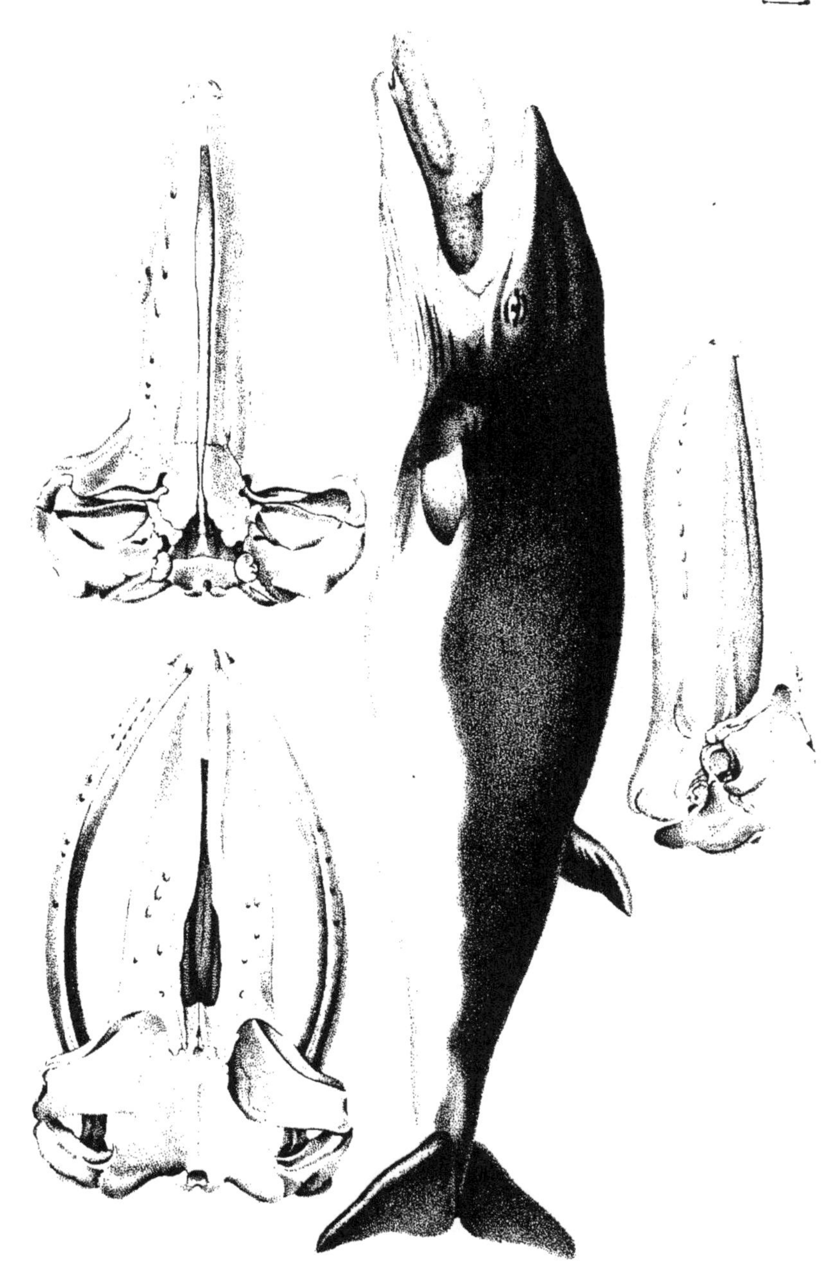

Cétacés. PL.

Baleine commune.

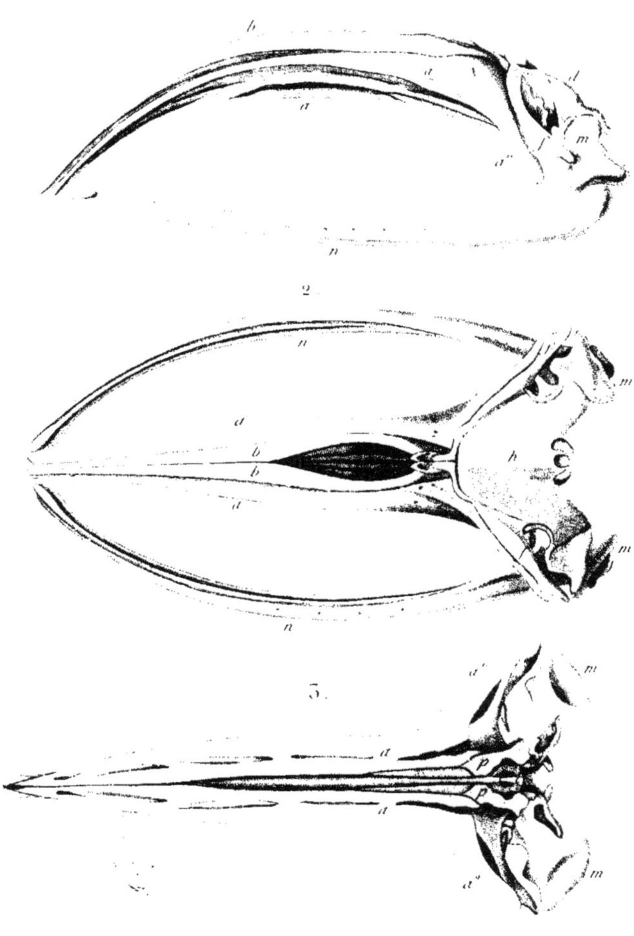

Tête de la Baleine franche.

1. *Vue de profil* 2. *id. en dessus* 3. *id en dessous*

E. Blanchard pinx. *Barraband dir.* *A.me Couturier sc.*

www.ingramcontent.com/pod-product-compliance
Ingram Content Group UK Ltd.
Pitfield, Milton Keynes, MK11 3LW, UK
UKHW021944260726
13994UKWH00004B/1520

9 782329 489285